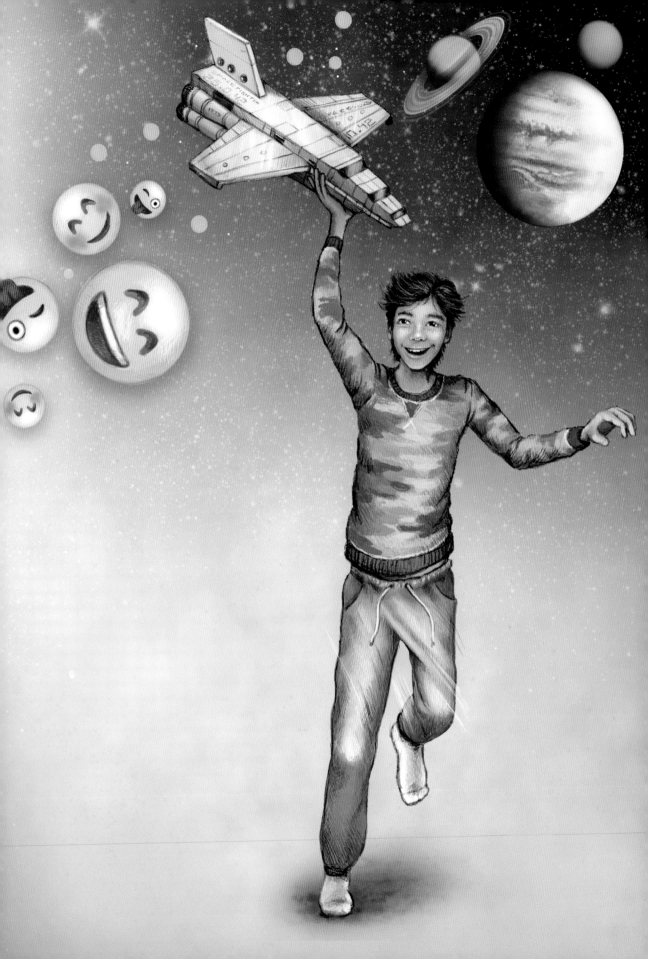

我想知道

科学大发现

奇妙太空之旅

为你打开宇宙的秘密档案

[荷] 丹尼尔·福泽拉 / 著　　林霄霄 / 译

中国少年儿童新闻出版总社
中国少年儿童出版社
北 京

Willewete+. Het heelal by Daniëlle Futselaar
First published by Clavis Uitgeverij, 2019
© 2019 Clavis Uitgeverij.
版权登记号：01-2020-3761

图书在版编目（CIP）数据

奇妙太空之旅 /（荷）丹尼尔·福泽拉著；林霄霄
译 . -- 北京：中国少年儿童出版社，2021.1
（我想知道·科学大发现）
ISBN 978-7-5148-6576-9

Ⅰ . ①奇… Ⅱ . ①丹… ②林… Ⅲ . ①空间探索 – 青
少年读物 Ⅳ . ① V11–49

中国版本图书馆 CIP 数据核字（2020）第 262072 号

QIMIAO TAIKONG ZHI LÜ
（我想知道·科学大发现）

出 版 发 行：中国少年儿童新闻出版总社
中国少年儿童出版社

出 版 人：孙 柱
执行出版人：赵恒峰

策划编辑：李晓平	著：[荷]丹尼尔·福泽拉
责任编辑：李晓平	译：林霄霄
装帧设计：于歆洋	审 读：刘 茜
责任印务：刘 澂	责任校对：李 伟

社 址：北京市朝阳区建国门外大街丙 12 号	邮政编码：100022
编 辑 部：010-57526435	总 编 室：010-57526070
发 行 部：010-57526608	官方网址：www.ccppg.cn

印刷：北京利丰雅高长城印刷有限公司

开本：720mm×980mm 1/16	印张：7
版次：2021 年 1 月第 1 版	印次：2021 年 1 月北京第 1 次印刷
字数：180 千字	

ISBN 978-7-5148-6576-9	定价：78.00 元

图书出版质量投诉电话 010-57526069，电子邮箱：cbzlts@ccppg.com.cn

奇妙太空之旅开始啦!

"地球呼叫卢克！有人在吗？"

卢克从椅子上跳了起来，脸红红的。"哇哦！你好呀，玛雅！"

"你刚才太专心了，都没听见我进来。你在做什么呢？"

"哦，没什么。"卢克说，同时继续别扭地挡在桌子前。

玛雅看出卢克在隐瞒着什么。"喂，让我看看嘛！"

"好吧……不过，你得先发誓你会保密！"

玛雅一本正经地把手高高举起，"我以我的生命发誓！"

卢克的嘴角弯了起来，他侧身一步，把身后的桌子让了出来。桌子上有一件银色的手工制品。"这是一架太空战斗机，"他解释道，"不过，我还没做完。"

"你不是自称科幻迷吗？"卢克笑了，"这个就是《星球大战》里最酷的宇宙飞船哦！它不仅飞得超级快，而且是无敌的！"

"酷！你怎么突然想做这个了？"玛雅问。

卢克带着"这事儿我知道你却不知道"的小得意，咧着嘴从桌上拿起一本杂志。那是一本《科幻世界》，卢克把它递给玛雅。

大奖赛

一直憧憬着见到真正的宇宙飞船？来参加我们的手工大赛，赢取前往佛罗里达参观美国国家航空航天局（NASA）的旅行吧！你可以做一艘终极宇宙飞船，也可以画一艘，然后把作品的照片发给我们。最漂亮、最有创意和最特别的宇宙飞船的制作者或绘画者，可以带一位朋友，一起出席"火星巡洋舰号"的试飞发射。

最初的探索

"我们去啦！"1961年4月12日，当尤里·加加林乘坐的"东方1号"宇宙飞船发射升空时，他发出了这样的呼喊。这位苏联航天员是第一位进入太空的人。

第一位登上月球并在月球上行走的人是美国航天员尼尔·阿姆斯特朗。1969年7月20日，当他踏上月球表面时，说出了这句名言："That's one small step for a man, one giant leap for mankind." 意为："那是个人的一小步，人类的一大步。"

"我已经偷偷做了好几天了。如果我赢了，你可以跟我一起去。"卢克说。

"你说的是真的？去美国？"

"对呀！不过，你得暂时保密，行吗？"

"是，长官！"玛雅边说边朝卢克敬了个士兵式的礼，"我还是让你安静地工作吧。"

"谢啦。"卢克回答道，"我做完了就给你发信息，好吗？"

"没问题！愿原力与你同在（《星球大战》里的台词）。"玛雅一本正经地说。

烟花火箭

　　航天事业的发展离不开火箭，现代运载火箭就源于古代火箭。最早的"火箭"诞生在中国，它是靠火药被发射到空中的。

火箭之父

　　苏联科学家康斯坦丁·齐奥尔科夫斯基提出了一种设想，即一种可以使用液体燃料飞行的火箭，这为现代的太空火箭奠定了理论基础。他因此也被称为"火箭之父"。

　　卢克坐回桌前，制作宇宙飞船困难的部分现在才开始。桌上有一些小颜料罐，还有一把很细的刷子。卢克想用这些为宇宙飞船的边边角角都涂上色。这艘宇宙飞船必须尽可能接近原型！他眯着眼睛，舌尖也因为过于专注而微微伸了出来。

　　宇宙飞船完工的时候，差不多已经是午饭时间了。卢克看起来很自豪，因为这件作品做得非常成功。这艘宇宙飞船看起来真实得令人难以置信，有喷气发动机、窗户、舱口和太阳能板，还有全套的按钮和灯。他当然想现在就带着这艘宇宙飞船下楼，不过，他知道他的家人根本不可能保守秘密。他姐姐总是在发布短视频，他妈妈则会把一切都发到朋友圈，把家里人每一个犯傻的瞬间、宠物狗和宠物猫甚至是仓鼠尤达的每一张照片都发上去，还让人点赞。所以他暂时还不准备把这件事告诉家里人。不过，他承诺过，会通知家人以外的某个人。

计算机飞速发展

20世纪60年代，也就是现代太空旅行刚起步的时候，电脑还是新鲜事物。那时候的电脑远没有现在的好，也远没有现在的运行得快。更夸张的是，最早登月的那批人使用的电脑，还没有你的智能手机的计算能力强！

几天后，卢克正坐在沙发上，身边还放着一袋开了封的辣味薯片。他用被染成橘色的手指抓着游戏机的手柄，操纵着他的宇宙飞船在屏幕上横冲直撞。

卢克的爸爸一屁股坐在卢克身边。他刚想抓把薯片，电话响了，他只好又站了起来。

"这里是赫瑟尔斯家。"

……

"是的，我是……"

……

"哦，是这样啊？"

……

"我会转告他的，谢谢您。"

卢克的爸爸放下电话，看起来有些不知该怎么办。他就像是脚趾踢到了什么东西，但又不是太严重，还不足以让他破口大骂似的。

"我说，卢克，刚才是一本什么杂志的人打来的电话，好像叫《科幻世界》之类的。她说有一个什么比赛，你知道吗？"

卢克放下游戏机手柄，小心翼翼地问："哦？"

爸爸嘟囔了一句，一把搂住卢克。"这个嘛，刚才那位女士说，经过艰难的评选，你的作品被评为第二名。你做得真的已经很棒了！"

从飞行的目的到飞行器的设计

人们会如何设计一艘飞行器呢？这完全取决于飞行的目的。一枚把人送上月球的火箭，需要有承载旅客的空间。但用于无人飞行的火箭，情况则完全不同。发射需要返回地球的宇宙飞船，相比发射留在太空里的探测器，所使用的火箭需要更多的燃料。

然而卢克还是难掩失望之情。他跑上楼，猛地把自己砸进床里，把头埋在枕头下面。他的泪水把枕头都弄湿了，枕头下面有点儿闷，但卢克还是趴在那里。他真想完全消失在枕头下面。他去看火箭发射的愿望泡汤了。

过了一会儿，卢克睡着了。他梦到了巨大的"火星巡洋舰号"，它正准备起飞，发动机隆隆作响。卢克跟玛雅一起坐在贵宾席上，坐在看台上最好的位置上。任务控制中心开始倒数："三……二……一……发射！"推进器立刻发出轰鸣声。那噪声太大了，吵得几乎让人恶心。伴随着浓烟和烈焰，火箭开始升空，向着火星进发。

运载火箭

火箭发射的场面非常壮观。发射现场充满着轰鸣声、浓烟和烈焰，而这些都是运载火箭产生的。这些强有力的火箭确保所运载的航天器可以起飞升空。如果航天器后续可以自行飞行，运载火箭就会与它分离。运载火箭完成任务后，大多会被抛弃，目前只有少数会落回地面，这样，人们在下次发射时就可以再次使用这些运载火箭了。

卢克刚睡了一会儿，爸爸就来敲门了。他的脸上又浮现出那种不知该怎么办的神情，不过与之前又有些不同。这会儿的他，看起来就像有人冲他脸上砸了一大块奶油蛋糕。"刚才又有人打电话来了。"爸爸说。

"哦？"

"对，那位打电话来的女士说，你其实赢得了比赛。"

"真的吗？"卢克问。

"真的，千真万确。"爸爸笑了，"是他们弄错了，搞错了电话号码，于是……"

"我赢了！我赢了！"

卢克高兴得在房间里手舞足蹈。他觉得自己已经被成功发射升空了。

怪味道的太空

有些航天员说，太空闻起来像
是燃烧的牛排、灼热的金属和旱烟。

首位太空游客

2000 万美元！2001 年时，美国商人丹尼斯·蒂托花了这么多钱，才成为首位太空游客。他乘坐俄罗斯的宇宙飞船前往国际空间站，在那里逗留 8 天后，返回了地球。

卢克和玛雅参加的旅行团名字叫作"太空游客"。他们在两天前抵达了佛罗里达。前一天，他们随团参观了美国国家航空航天局的访客中心。而今天，是"火星巡洋舰号"发射的日子。

"快看那边！"卢克伸手指向远方，在那里，一枚巨大的火箭竖立在高高的棚架前。

"你是不是很激动呀？"玛雅说。

"当然啦。"卢克回答道，"不过……我想靠近点儿看看它。"

玛雅的眼睛发光了。"我也想！不过，咱们过不去吧？"

卢克和玛雅看了看身边的人。"太空游客"团的其他成员正忙着摆弄望远镜和长焦镜头，没人注意到他们俩。

"看见那两座建筑没？"卢克说，"如果我们跑到那后面去，就没人看得见我们了，我们就可以一直跑到棚架后面去。"

"你去我就去。"玛雅说。

卢克又看了看周围，接着把背包甩上肩膀，咧嘴笑了。"快来，我们走！愿原力与我们同在！"

太空假期

太空假期？是去火星待一周，还是周游太阳系？很遗憾，这些现在还没办法实现。不过，人们在这种假期里，会接受辛苦的训练，以模拟的形式体验飞入太空的感觉。这种假期的目的，是让潜在的太空游客感受太空中的失重状态。

他们俩悄悄地离开了其他游客，向棚架跑去。但跑到第二座建筑的角落时，卢克突然停下了脚步。他猛地躲到了垃圾箱后面，把玛雅也一把拽了过去。

"喂，你干吗？"玛雅小声问。

"嘘！"卢克指了指旁边，"你看。"

两个男人走了过来。如果卢克刚才没有拉着玛雅一起藏起来，肯定就被他们逮住了。他们俩从垃圾箱后面偷偷探出脑袋，看着那两个男人，他们一个穿着蓝色的工装，头戴亮黄色的安全帽，另一个则穿着灰色西服。那两个人显然是在吵架。

"你给我听好了！"工装男大喊，"我们得推迟发射！太危险了！"

"想都别想！"西装男回答道，"我们已经损失了好几百万美元，犯了太多的通信错误。如果今天不发射，我们就死定了！"他轻蔑地看着工装男说，"你要是不满意，就滚回家去！"

工装男狠狠地踢了垃圾箱一脚，骂骂咧咧地走开了。

"哎呀，吵得好凶啊！"玛雅轻声说。

"你听见他们刚才说什么了吗？"卢克问。

"听见了，好劲爆！'火星巡洋舰号'难道有问题？"

"我也不知道，"卢克耸了耸肩，"这次原本就是试飞，谁知道呢。"

安全第一

航天器发射经常会被推迟，比如天气情况不好的时候。另外，如果人们不能百分百确定一切运转良好，也会推迟发射。发射时，每一处细节都必须到位，因为即使是非常小的机械故障，也可能造成灾难性的后果。航天器本身就很昂贵，载人航天飞行更关乎人的生命。所以，航天器发射时确保一切都是完美的，这是非常重要的。

卢克和玛雅继续悄悄地向棚架跑去。他们找到一扇门，溜了进去。棚架这会儿是空的，沿着墙壁有巨大的支架和金属楼梯。卢克猜，"火星巡洋舰号"就是在这里被制造出来的。

他们小心地爬上楼梯，这些楼梯都是用亮闪闪的钢铁制造的。爬了4层楼后，他们来到了一扇大大的窗户前。他们透过窗户向里望去，巨大的"火星巡洋舰号"近在咫尺。这艘宇宙飞船已经做好了试飞前的准备，发射很快就要开始了。和卢克此前预想的一样，他们拥有了比任何人都好的视野。

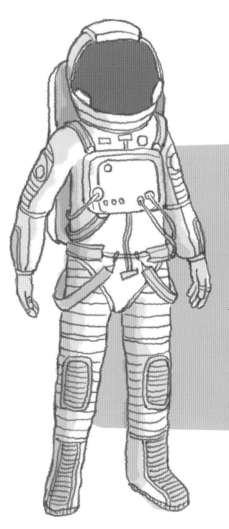

航天服带来的安全

太空对于人类来说是很危险的。进入太空的人有可能被冻成冰块，因为那里的温度有时会低到零下200多摄氏度。也有可能被烧成灰，因为那里没有任何东西能抵挡太阳的辐射。人会窒息，因为那里没有氧气。人的血液还会冒泡，因为太空中没有气压，所以原本溶解在血液中的气体会冒出来……幸好有航天服，可以帮人类避免这些麻烦和危险。

"嘘！"玛雅突然小声说，"好像有什么声音。"

那个穿蓝色工装的男人也爬了上来。他看起来还是气呼呼的，因为他的脚步声重得响彻整个棚架。

"我们赶紧走！"卢克说，"不能让他发现我们。"

玛雅和卢克背靠墙壁，紧张地环顾四周。出口只有一个——窗户边的一条小路尽头是一个类似机舱门的出口，通往一个放满了航天服的房间。他们尽量悄无声息地跑了过去。

倒 计 时

　　航天器发射何时开始？航天员很早就会开始倒计时，有时甚至会在发射前96小时便开始倒计时了。发射前需要做很多事情，如宇宙飞船需要被安置在合适的地点，运输燃料，检查所有的系统，等等。发射的时刻被称为"T"，如果一位航天员说"倒计时10秒"，意味着此时距离发射还有10秒钟。

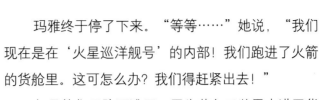

玛雅终于停了下来。"等等……"她说，"我们现在是在'火星巡洋舰号'的内部！我们跑进了火箭的货舱里。这可怎么办？我们得赶紧出去！"

但是他们无路可逃了，因为蓝色工装男也进了货舱。卢克和玛雅只好躲在了一排航天服后面。

玛雅的脑袋不安地转来转去，吓得直喘粗气。

卢克轻轻地抓住了玛雅的手。

工装男咒骂着，机器里发出乒里乓啷的声响。

"他们怎么就听不进去呢？这枚烂火箭是我亲手造的！没人比我更了解它！"

工装男烦躁地走来走去。

"既然不听人劝，那就自己感受一下吧，好长长教训！"

工装男掀开墙上的一块控制板，拽开几根电线，又把控制板重新合了回去。气呼呼地看了一圈后，他终于离开了。

又过了一会儿，卢克和玛雅才敢大声喘气。直到确定那个工装男已经离开了，他们才敢走了出来。

"我们赶紧出去吧。"卢克小声说。他冲向那扇门，却发现工装男在离开时把门锁上了。卢克使劲扭动门把手，但根本转不动。他使出了吃奶的劲儿，门依旧纹丝不动。

此时，周围的屏幕突然开始闪烁，远处的扩音器里传出一个机械声："倒计时开始，十……"

"不！"玛雅尖叫，"他们开始发射前的倒计时了！"她握紧拳头拼命敲门，"让我们出去！快来人啊！"但他们的喊叫声谁也听不到。

此时，在火箭外部，发射情况和卢克此前的预测一样。倒计时、浓烟、烈焰……不一会儿，一切都开始摇晃和颤抖起来。

那个声音继续说着："五……四……三……二……一……发射。"

"所有系统都处于正常工作状态……氧气水平正常。"

火箭晃动着上升。卢克和玛雅先是被重重地摔在地板上，被压力压得动弹不得。但过了一会儿，卢克仿佛从一场美梦中醒了过来。他觉得自己就像穿着衣服在游泳池里潜水，紧接着，他意识到自己真的飘了起来。卢克觉得自己就像一条蠕虫，正在半空中扭动。

在离他不远的地方，玛雅也在半空中飘来飘去。

"玛雅，快醒醒！"卢克喊道。

玛雅惊醒过来，喘着粗气。"我们在太空里！我们在漂浮！哇哦！"她惊叫。

卢克试图靠近玛雅，可是怎么也没办法控制身体运动的方向。"失重也不容易啊，"他说，"我们上太空以前，应该先学学怎么在太空里游泳！"

"等一下！"玛雅笑着说。她"游"到墙壁旁边，在墙壁上蹬了一脚，然后便翻着跟头冲向卢克。她开心地尖叫着。

卢克也学着玛雅的样子。他们俩在火箭里尝试了各种打滚儿、翻跟头和侧手翻。现在，他们真的变成太空游客了。

漂　浮

重力是地球和其他天体对其表面或周围物体产生的引力。这种引力会把一切都拉向这个天体，比如，如果你跳到半空中，由于重力，你会被重新"拽"回到地面上。不过，在太空中，我们所受到的重力会变得很小，所以，我们在太空里能够漂浮起来。

舒 展

    因为太空中的重力要比地球上的小得多，所以一切都漂浮着，无论是人还是物，甚至是飞溅的可乐！更令人惊讶的是，由于重力很小，航天员的脊柱也舒展开来了。所以，大部分航天员在太空中会长高几厘米！不过，先别激动，他们回到地球以后，身高就会逐渐恢复得跟以前一样。

"嘿，玛雅，"卢克突然说，"飞了这么久，我都渴了！"他笑着从背包里掏出一罐可乐。

　　"哇！我也要！"玛雅急切地回应道。

　　卢克打开易拉罐，一大团可乐立刻涌了出来。这些液体没有飞溅开来，而是像个颤颤巍巍的球，飘在半空中。这情形真是挺魔幻的。

　　玛雅伸手戳了戳可乐球，一大团可乐沾在了她的手指上。她舔了舔手指。"没错，"她傻笑着说，"这就是普通的可乐。"

　　于是，他们俩轮流去咬这个飘在空中的可乐球。

　　"可乐就该这么喝，"卢克笑道，"比普通的喝法好玩儿多了！"

"不知道这里有没有电话。"玛雅想了一会儿，大声说道，"如果有，我们也许能跟地球取得联系。"

"你说的对，肯定有的！"卢克回答道，"我们只要给地面控制中心打电话就行了。"

玛雅和卢克挪到了电脑控制台边。屏幕上滚动的全是字母和各种符号。

"你能看懂吗？"玛雅问。

"完全看不懂，"卢克回答道，"我觉得这是某种电脑语言。"

"看那儿，"玛雅一边说，一边把自己移动到了房间的另一侧。那里挂着一只耳机。她戴上耳机，又立刻把它摘了下来，一脸吓坏了的样子看着卢克，"我听见有人在说话！"

"那不正好吗？过来。"卢克说。他拿起玛雅的耳机，戴在了自己头上。

耳机里传来一个声音："有人吗？你们能听见我说话吗？有人吗？"

卢克笑了："能，我们能听见！"

耳机里传来了一阵兴奋的欢呼声。

太空里的闲聊

我们可以通过无线电波跟航天员和宇宙飞船取得联系，这跟在地球上是一样的。不过，因为他们在太空里，距离我们实在是太远了，所以信息需要一段时间才能被对方接收到——距离地球越远，信息传递所需的时间就越长。所以，想和身处火星的人愉快地闲聊还是挺费劲儿的：一方说出的话，要好几分钟后，才能被另一方接收到……

大 气 层

　　大气层是包围着地球的气体，它为我们抵御着来自地球以外的各种危险。比如，大气层可以阻止小型的流星，也可以阻挡危险的辐射。除此之外，大气层还可以防止地球上的氧气和水分流向宇宙。所以，对于地球来说，大气层是非常重要的！

　　"我叫米歇尔，这次任务的通信管理负责人。我们地面管理这边真的被你们吓坏了。还好你们都平安无事。"

　　卢克点了点头，他什么也说不出来，只能咽了口唾沫。

　　接下来，米歇尔问了他们一大堆问题，如名字、年龄、体重、用药情况、有没有生病、是否虚弱、是否恶心、是否头晕，等等。米歇尔还告诉他们，大气层外的宇宙充满了危险，比如宇宙射线，还有与他们擦身而过的流星等。他们有可能患上各种太空病，比如沉箱病、运动病、肌肉损失、骨质流失、幽闭恐惧症等。普通的航天员在首次前往太空前，都接受过好几年的训练，可卢克和玛雅从未接受过类似的训练！

　　"'火星巡洋舰号'是由一台特殊的飞行电脑操控的，"卢克打开对讲机后，米歇尔解释道，"这台电脑可以保证旅途中一切都正常运行。问题在于：我们不清楚，如果我们现在中断电脑的操控，把你们接回地球的话，会发生什么事情。我们认为，现在最好是让'火星巡洋舰号'继续飞行，不过要加速。你们听懂了吗？"

　　"呃，没有完全听懂，"卢克回答道，"您说的加速是什么意思？"

　　"这个嘛……这艘火箭上有些新玩意儿。你们知道什么是曲率驱动吗？"

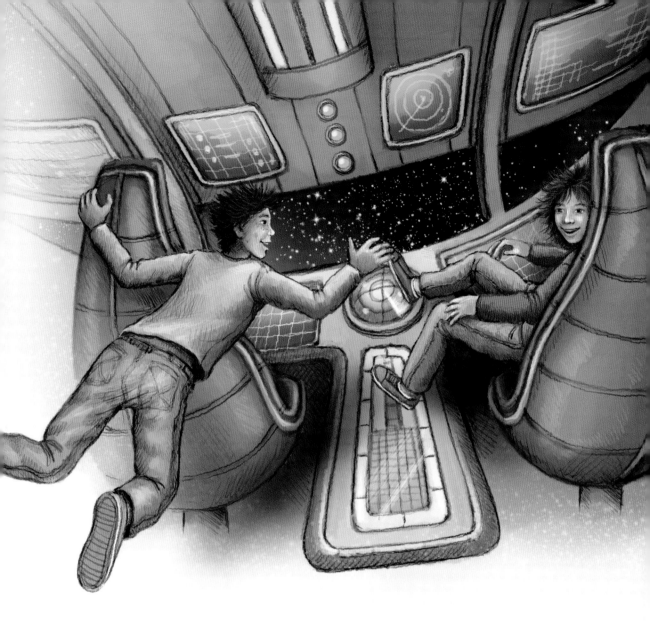

外太空从哪里开始

  "外太空"从地面上空100千米的地方开始，这个高度被称为"卡门线"。不过，这是一条想象出来的界线，地球的大气层和外太空之间并没有严格的边界线。

曲率驱动是往太空里航行的一种特殊方式，"米歇尔解释道，"这种方式可以让我们比以往飞得更快，甚至有可能比光速还要快。你们敢用吗？"

卢克和玛雅对视了一下。

"会有危险吗？"卢克问。

"我们也不知道，"米歇尔回答道，"曲率驱动我们还没测试过。但是不用这种方式，飞到火星需要好几个月时间，那太久了。如果用曲率驱动，很快就能飞抵目标。"

"也就是说，我们真的要去火星喽？"卢克问道。

"是的，只要我们按照原计划。"米歇尔回答。

卢克眨了眨眼，看向玛雅："真正的科幻世界！我们说不定能成为第一批登陆火星的人呢！"

卢克和玛雅设法控制自己的飘动方向，穿过一个个房间，向驾驶舱移动。米歇尔说了，他们必须坐在驾驶舱里，系上安全带。他们俩很紧张，不过在驾驶舱就位以后，还是给米歇尔发出了约定好的"OK"信号。

突然，他们听到了一声闷响，那个声音越来越大，最后变得像水烧开了的水壶发出的鸣响。与此同时，发射前倒数的那个声音再次响起："三……二……—……启动曲率驱动发动机。"

通往火星的单程票

如果你想去火星，明智的做法是在路上带些吃的，毕竟旅途是很漫长的。火星和地球之间的距离是不断变化的：两颗星球有时候离得近，有时候离得远。不过即使是离得最近的时候，火星距离地球也有大约 5500 万千米。所以，去火星真的要飞几个月呢！

　　玛雅和卢克坐在座位上，突然感到一阵极大的压力，就像是被一枚巨大的弹弓猛地弹了出去。火箭急速向前冲去，速度之快让窗外的星星看起来都成了一道道亮线。但他们什么声音都听不见，仿佛耳聋了一般。

　　过了一会儿，玛雅和卢克感到压力变小了，也能听到声音了。他们也能重新开始活动了。

　　"祝贺你们，"米歇尔通过对讲机说，"你们是首批正式使用曲率驱动在太空中旅行的人。"

　　卢克和玛雅的脸上写满了骄傲。

　　"如果我们保持这个速度，"米歇尔说，"一会儿就能到火星。剩下的旅程，就请你们尽情欣赏窗外的景色吧。"

　　卢克通过驾驶舱的小窗向外望去。"哇哦，你看见了吗，玛雅？"

　　玛雅张着嘴望着窗外。银河仿佛是一条缀满了亮闪闪的星星的蓬松丝带，高悬在他们的头顶上方。"这也太美了吧！"

　　"是啊，太美了！"卢克痴痴地说。

　　"快看，卢克，是火星！"玛雅说。

　　在他们的右前方，出现了一颗有点儿像铁锈色弹子的行星。

红色的星球

　　火星是红色的，因为它的表面有一层薄薄的铁锈。火星岩石的颜色是深黄色和棕色的，甚至还有点儿呈绿色。由于火星表面常有大风，所以它看起来会比实际上更红，因为你看到的是它那层红色的、充满了尘土的大气层。

"我们已经接近火星了吧？"卢克问。

"是的，"米歇尔说，"10分钟后，电脑会按计划开始进行着陆。请你们待在座位上别动，剩下的步骤会自动进行的。"

火箭开始缓慢地旋转，之后，尾部向下，开始向火星表面降落。

可是，警报突然响起来了。驾驶舱里亮起了红灯。"警报！着陆系统发生故障！"电脑说道。

卢克和玛雅慌乱地四处乱看。"米歇尔，发生什么事了？"

"不清楚，我们正在查找原因。"

"卢克，"玛雅激动地说，"说不定我们知道原因！你还记得那个穿蓝色工装的男人吗？"

"当然记得！我差点儿把他给忘了。"

"米歇尔？"玛雅喊道。

没有回音。

"米歇尔！"

"现在还不知道原因。"米歇尔回答道，"我们这儿有大麻烦了！通信出故障了。"

"我们可能知道原因！"卢克尖叫道。

"你们知道了什么？"米歇尔问。

"这个嘛……"玛雅说道，"就在发射前几分钟，有个男人进入了'火星巡洋舰号'的内部。他是个工人，穿着蓝色工装，头戴一顶黄色安全帽。我们看见他把一块控制板掀开，拽开了几根电线。"

"是哪块控制板？"米歇尔问。

"是货舱里的。"卢克回答道。

危险的旅程

"休斯顿，我们这儿遇到了问题。"这句话是航天员杰克·斯威格特在前往月球的旅途中说的。当时，"阿波罗13号"上的一个氧气罐爆炸了，登月任务被迫中断。那次，宇宙飞船上的航天员平安地回到了地球，但不是每次都能有这么好的结局。航天飞机"挑战者号"和"哥伦比亚号"上出现故障时，机上的航天员全部不幸遇难。所以，太空旅行并非没有危险，而航天员也深知这一点。

米歇尔之前一直表现得既冷静又克制，可此时也忍不住爆了粗口。"你们说的那个混蛋，今天早些时候已经被警察抓走了。他想阻止'火星巡洋舰号'的试飞，他的破坏行动没能阻止发射，却让这次飞行变得如此危险！"

　　米歇尔想了一会儿。"我们需要你们的帮助，"当他再次开口时，冷静了下来，"你们需要修复被他破坏的地方，否则着陆系统就无法运行，你们会在火星上摔得粉身碎骨。"

卢克和玛雅再次向窗外望去。他们正急速向火星靠近，确实没有多少时间了。他们推动自己，穿过那些走廊和拉门，向货舱移动。货舱里也闪烁着警示灯，电脑的声音一直在重复："警报！着陆系统发生故障！警报！"卢克狠狠蹬了一下墙壁，用尽全力向那块控制板冲去。墙壁碎块四散，卢克闪身躲避着，但他很快又把自己推了回来。

他们俩一起端详着隐藏在控制板背后的电子元件。这些东西看起来让人眼花缭乱，里面有许多小灯和按钮，还有大量的电线和电缆。有4根电线被拽开了：2根白色的，1根红色的，还有1根蓝色的。

"米歇尔，这些电线该怎么接？"卢克大声问道。

"你有没有看见一个蓝色的开关？蓝色的电线应该接在那里，把它塞进去就行，看到了吗？"

"看到了。"卢克一边说，一边把蓝色的电线塞了进去。

"你们还有50秒，快点儿！"米歇尔说。

卢克的手颤抖起来。他把红色的电线塞进红色的开关。"但我这儿还有2根白色的电线。"他陷入了困境。

"左边的电线接左边，右边的电线接右边！"对讲机里传来米歇尔的尖叫。

"它们俩根本就分不出左右，都是从同一个地方出来的，"卢克也尖叫着。他眯着眼睛朝狭小的缝隙里看去，但还是看不出区别来。事已至此，卢克只能赌一把了。他接上了其中一根白线，玛雅则接上了另一根。"愿原力与我们同在。"卢克说。

他们期待着，但是什么都没发生。红灯依然在闪烁，电脑也依旧在说："警报！着陆系统发生故障！警报！"

正当玛雅和卢克准备抱头痛哭时，警示灯突然熄灭了。电脑发出了"着陆系统恢复"的声音，接着一切就像什么都没发生过一般。

卢克和玛雅一时愣住了，过了片刻才大叫起来："哦！我们做到了！成功了！"

火星名字的由来

在我们的太阳系中，绝大多数行星和卫星都被赋予了一个古罗马或者古希腊神话中神的名字。火星的名字就来源于古罗马神话中的战神。

在对讲机的另一端，人们大声欢呼起来。

"卢克和玛雅，如果你们没有登上火箭，发现了这次破坏，并修复了它，'火星巡洋舰号'就会坠毁，这次任务也会失败。你们不仅拯救了自己的生命，也拯救了这次任务和'火星巡洋舰号'！你们是英雄！"

卢克和玛雅自豪极了。

"但你们得赶紧坐回座位上去，因为多亏了你们，现在第一艘载人宇宙飞船马上要在火星上着陆了。"

卢克和玛雅坐在窗边的座位上，系好了安全带。

火星现在近在眼前，他们可以很清楚地看到火星的表面：橙色的山峦，古铜色的沙漠，远处还有一片极薄的像冰层一样的东西。

着陆过程可不怎么舒适，他们落到地面上时发出了巨响。"这艘飞船的设计师估计是没听说过减震器吧。"玛雅尖刻地说。

"你们现在可以在'火星巡洋舰号'里转一转。"米歇尔说，"不过，请注意，因为火星上的引力比地球上的要小很多，你们会觉得身体变得很轻，一跳起来就会撞墙，到时候可别说我没有提前警告过你们哟。"他开了个玩笑，"在此期间，我们会让'火星巡洋舰号'做好返航的准备。"

卢克想了想说："米歇尔，既然我们立了大功，我们能提点儿要求吗？"

"当然可以，卢克，你随便提。"

"我想和玛雅一起去火星上走走！"

对讲机的另一端沉默了片刻。"其实是不行的，"米歇尔说，"我们会违反一堆协议的。"

卢克的情绪立刻低落。

"不过嘛……你们拯救了这次任务，如果没有你们，'火星巡洋舰号'早就不复存在了。所以，如果你们能保证严格按我说的做，我就允许你们出去。"

过了一会儿，玛雅和卢克费劲地套上了航天服，他们之前正是藏在这些航天服后面才躲过了那个工装男。

航天服里有麦克风和扩音器，这样他们俩就能彼此交流，也能和米歇尔保持联系。

他们向气闸舱移动。

"现在按下大按钮，进入气闸舱，"米歇尔说，"舱门会在你们身后自动关闭。"

第二扇门上还有一个类似的按钮。玛雅按下它，这扇门也打开了。火星铁锈色的地貌出现在他们眼前。

玛雅和卢克冲进了一片橙色的沙漠。他们每走一步都像是在跳芭蕾舞。玛雅用优雅的舞步在周围大步地跳来跳去。她一边旋转，一边摆出各种姿势。

卢克则在看自己的脚印。他的脚印成为了火星上第一批人类的足迹。

玛雅也停下脚步，向远处望去。"卢克，你看到了吗？"地平线上升起橙色的云团，看起来可不妙。

"你们现在必须回到'火星巡洋舰号'上，"米歇尔紧张地喊道，"那是尘暴，正在迅速向你们袭来！"

水

火星上有水吗？这颗行星的表面看起来很干燥，还光秃秃的，但有迹象表明，这里曾经有过河流与湖泊。火星的大气层比地球的薄，可能正因为这个原因，火星上的水分都蒸发了，消失在了宇宙中。但一部分水也可能沉入了地表以下，并冻结在那里。科学家们非常想知道，火星上的水到底去了哪里。因为火星和地球是如此相似，通过研究火星，我们也能更好地了解我们的地球。而且，如果火星上有水，那么火星上就有可能存在生命。

玛雅和卢克跳跃着大步向"火星巡洋舰号"冲去，并迅速地爬了进去。

尘暴呼啸着刮过，"火星巡洋舰号"一阵摇晃。

"这艘飞船应该能够抵御这类尘暴，"米歇尔说，"但为了保险起见，我们还是现在就出发吧。"

玛雅和卢克从航天服里钻了出来。橙色的沙子撒得到处都是，像是为他们准备带回地球的旅行纪念品。

他们赶紧跳进货舱，此时电脑已经开始出发前的倒数了。窗外除了不断冲击着宇宙飞船的尘暴，什么也看不见。玛雅和卢克坐在座位上，系好了安全带。一秒钟后，火箭起飞了。

此时，透过窗户，尘暴看起来已经没有刚才那么可怕了：不过是铁锈色地表上的一大团浅橙色的雾霾罢了。

尘　暴

在太阳系中，火星上的尘暴规模是最大的。那里的尘暴是如此之大，以至于你在地球上就能看到（当然是借助望远镜）。有时候，一场尘暴甚至能覆盖整个火星。

返程开始了。

"我觉得火星还蛮有趣的，"玛雅说，"不过，我还是怀念树木的绿色和大海的蓝色。所以，让我们回地球吧。"

"是啊，地球上的氧气和重力也很好。"卢克回答道。

"那你觉得可丽饼好吃吗？"玛雅眉开眼笑地问。

"啊，对呀！"卢克回答道，他顿时觉得饿得坐立不安起来，"等我们回到地球上，我要吃浇了糖浆的可丽饼！"

此时，对讲机里再次传来米歇尔的声音："孩子们，我们接近地球了。做好迎接冲击的准备，因为我们会以极高的速度进入大气层，着陆的过程可是挺痛苦的！"

卢克和玛雅透过窗户向地球望去。那是一颗美丽的蓝绿色小球，周身围绕着漂亮的白色云朵。从这个距离望去，地球看起来又小又脆弱。

"其实真够不可思议的，"卢克说，"所有的人，还有所有你喜欢的东西，全都集中在宇宙里这唯一的一颗小球上。"

"是啊，的确如此。"玛雅说。

着陆开始了，米歇尔并没有吓唬他们。火箭在穿过大气层时，颤抖着发出了轰鸣声。卢克和玛雅看到，"火星巡洋舰号"的头部在穿过大气层时，表面已经烧焦了，他们甚至看到了燃烧的火焰。之后，"火星巡洋舰号"逐步减速，像一艘大飞机一样，飞向佛罗里达的跑道。几声撞击声后，这艘宇宙飞船放下轮子，成功落地。它跑完了整条跑道才终于停了下来。但不管怎么说，他们成功着陆了！

卢克和玛雅解开安全带，飞快地跑向气闸舱，冲向他们刚才进来的那扇门。门打开了，一大群人在外面等着他们。他们受到了热烈欢迎，周围都是掌声、欢呼声，还有响个不停的快门声。

燃烧着进入大气层

　　当宇宙飞船返回地球时，必须进入地球的大气层。在穿过大气层时，宇宙飞船和空气之间会产生剧烈的摩擦。如果宇宙飞船缺乏防护，就会被摩擦所产生的高热烧毁。所以，宇宙飞船都配备有隔热罩。

"卢克！卢克！"有人在叫他。

…………

"卢克！快醒醒！"

卢克睁开眼睛，但立刻因为光线太刺眼而眯起双眼。他惊讶地发现，自己正躺在床上，胳膊下还压着他的太空战斗机。"玛雅？"他迷迷糊糊地哼唧，"我们不是在……"

玛雅疑惑地看着他，"我刚进来，你刚才打呼噜打得可响了！"

"哦……"卢克看了看四周，"我刚才做了一个特别真实的梦！梦见我们一起去了火星，还遇上了火星尘暴。"

玛雅歪头看着卢克。"你该不会还介意只得了第二名的事吧？来吧，该吃午饭了。我都要饿死了。"玛雅说。

"我也饿了，"卢克说，"我超级想吃可丽饼，还想浇上一大堆糖浆！"他站起身，把太空战斗机留在了床上。

他们一起走出卢克的卧室，却没注意到，他们在卧室的地板上留下了带有红色沙子的脚印。

档案：宇宙

准备好迎接宇宙最大的秘密了吗？

档案目录

一切的开始

宇宙是如何产生的？其实没人知道这个问题的答案。毕竟这发生在很久很久以前，我们也不可能回到那个时候亲自看上一眼。不过，几个世纪以来，科学家们一直在努力解开宇宙诞生之谜。

宇宙大爆炸

关于宇宙的产生，最著名的科学假设可能就是**宇宙大爆炸**。这个假设认为，整个宇宙曾被压缩为一个非常小的点，比针尖还小。这个点被称作**原始原子**，它爆裂后，出现了时空和充斥整个时空的辐射（能量）。

大力吹啊

你可以把宇宙的产生比作快速吹起一只气球：这只气球一开始很小，但后来被吹得越来越大。而且它直到现在还在继续变大，如今宇宙仍在向四面八方膨胀。

无声的爆炸

科学家们认为，宇宙大爆炸根本没发出任何声音。因为声音的产生需要空气，而宇宙大爆炸发生时，空气还不存在呢。

138 亿年前：宇宙大爆炸

134 亿年前：最初的恒星产生

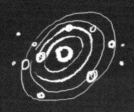

46 亿年前：我们的太阳系诞生了

10 秒钟前：和目前一样的宇宙

原 始 浓 汤

宇宙大爆炸发生 10 亿年后，宇宙和如今的样子还不同。那时，宇宙是颗粒、尘埃、气体和光的滚烫的大杂烩。人们把这堆大杂烩称为**原始浓汤**。直到这堆大杂烩开始聚集，才产生了恒星和行星，不过那已经是几十亿年后的事情了。

味道不怎么样……

不过原始浓汤是这样的吗？

那么，在此之前呢？

宇宙大爆炸理论看起来还是挺合理的，但无法解释一切。比如说，我们始终不清楚宇宙大爆炸之前的宇宙是怎样的。也许存在着其他的宇宙，而我们的宇宙是从那里产生的。又或许宇宙大爆炸是一切的开始，所以也是时间的开始。总之，没有人真的知道答案。

2

我们的太阳系

欢迎来到我们的太阳系！在**太阳系或类太阳系星系**里，有一颗巨大的恒星，这个星系里的其他天体都围绕着这颗恒星转动。在我们的太阳系中，有八大行星，同时也漂浮着无数的大石块和小石块。

水 星

水星、金星、地球和火星是4颗体形较小、由岩石构成的行星。它们被称为**类地行星**，因为它们的地表都是固体表面。**行星**是一种围绕着恒星转动的天体。

火 星

火星上有一座奥林帕斯山。这座高约 2.2 万千米的山，是太阳系里最大的火山。

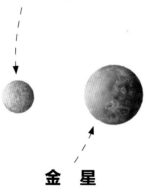

金 星

一颗自转方向与其他行星相反的行星！在我们的太阳系里，所有的行星都是自西向东自转的，只有金星是自东向西自转的。

地 球

我们就住在这颗行星上。

太 阳

我们的**太阳**是一颗**恒星**。其实，太阳和恒星在荷兰语里有同样的含义：一颗发光的天体。但只有太阳系中的这颗恒星被我们称为**太阳**，其他星系的"太阳"则被我们叫作**恒星**。

木 星

木星和土星被称为**气态巨行星**。它们都是巨大的行星，主要由气体构成，但它们的内核是固态的。

柯 伊 伯 带

处在太阳系的边缘，其中直径超过 100 千米的天体可能会达到 10 万个。

土 星

唯一一颗能看到明显光环的行星。这个光环是由无数大大小小的冰块和尘埃构成的。

小 行 星 带

处于火星和木星轨道之间的小行星密集区域。

天 王 星

天王星和海王星是**冰巨星**。它们比木星和土星小，但比类地行星大。

海 王 星

这颗蓝色行星的名字，取自古罗马神话里的海神。

冥王星呢？

冥王星曾长时间被视为太阳系的第九大行星。但实际上，作为行星，它实在太小了。因此，现在人们已不再把它当作行星，而认定它是一颗矮行星。

3

地球与月球

地球与月球你当然都认识，但你肯定还不了解它们的全部……

我们的地球是个暴脾气

很久很久以前的地球，并非是如今这种蓝绿球的模样。当宇宙中的尘埃和碎屑逐渐粘在一起时，地球这颗行星才有了固定的形状。但那时的地球还是一颗滚烫的球，上面遍布着烈焰、火山和流动的岩浆。过了很久，地球的外层才开始冷却，并形成了坚硬的地壳。

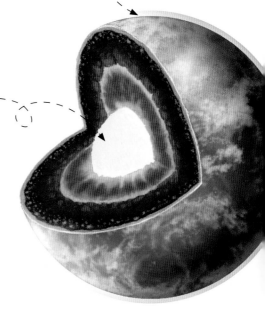

地幔

地壳与外核之间的部分，可分为上地幔和下地幔两个次级圈层。上地幔顶部是厚厚的坚硬岩石，这些岩石下部有一个柔软黏稠的软流层，是岩浆的重要发源地。

大气层

围绕在地球表面的一层混合气体。

地壳

地球表面的最外层，很坚硬。

外核

大量温度极高的流体。

内核

位于地球的正中央，是固态的金属球。

由内而外

想亲身感受一下地球的内部有多热？看看火山喷发出的熔岩就知道啦！

我们的月球

左边这颗星球是地球的卫星——月球，但月球可不是宇宙里唯一的卫星。**卫星**是一种天体，它们围绕着某颗行星（或者其他的巨石，例如矮行星）转动。地球只有一颗卫星，而火星有两颗卫星，木星甚至有 79 颗卫星！

关于月球的猜想

有些科学家认为，月球是很久之前由一颗行星(忒伊亚)撞击地球后产生的。撞击发生后，这颗行星有一大块可能脱落了，后来就变成了月球。

地球的小卫兵

月球围绕着地球转动，所以它不是行星，被称为地球的卫星。行星围绕着恒星转动，而卫星围绕着行星转动。

阴历月

月球绕着地球转圈，转上一圈需要差不多一个月的时间。没错，阴历的月就是这么来的。

看见月亮在发光······

人们有时候会说"月亮在发光"，这句话其实是不对的。月球本身是不会发光的，它只会反射太阳光。由于月球围绕着地球转动，所以太阳落在它身上的光线也在变化，这就造成了我们看到的月亮有时候是满月，有时候是半月，还有时候是月牙儿。我们把这种现象称为月相。月球始终是一个球体，但它在我们眼中的形象却一直在变化。

太 阳
4

我们的太阳很热，而且很有趣！

恒星宝宝

在我们的宇宙中，漂浮着许多由气体和尘埃构成的巨大云团。这些被称为**星云**，从中可以诞生出新的恒星，成千上万的恒星。

恒星的诞生

当星云中的气体聚集，并形成一个非常紧密的气体球时，新的恒星就开始产生了。如果压力够大，就会发生核反应，让这颗气体球释放出光芒和热量。于是……一颗恒星就诞生了！

恒星的一生

恒星很像生物：它们会诞生，存活一段时间后会变老，也会死亡。如果一颗恒星老了，它会慢慢地越变越热，这个过程可能会持续几十亿年的时间。它也会变得越来越亮、越来越大，直到变成一颗巨大的红色恒星，即所谓的**红巨星**。之后它会失去外壳，只剩下一个白色的小点，成为**白矮星**。这颗**白矮星**大约和地球一样大，并会持续发热数十亿年之久。

你还记得吗？
恒星是一种会发光的天体。

有关太阳的一组数字

- 年龄：大约 45.9 亿年
- 距地距离：1.496 亿千米
- 直径：约为 140 万千米（相当于 109 个地球加在一起）
- 质量：1,989,100,000,000,000,000,000,000,000,000 千克（等于 33 万个地球之和）
- 表面温度：5500 摄氏度
- 内核温度：1500 万摄氏度

群星闪烁？其实并非如此

当你在看星星的时候，有时会觉得那些星星一闪一闪的，不过这只是看起来如此而已。星星看起来一闪一闪的，是因为星星发出来的光穿过大气层时，会因为气流的扰动偏离直线传播的路线，所以像在闪烁。

漂浮的岩石

宇宙中漂浮着无数的巨石，它们各有不同。

转 动 者

小行星都在围绕着太阳转动，但由于质量太小，不能被称为行星。在我们的太阳系中，大多数小行星都在小行星带里转动。有些小行星就跟沙粒那么大，有些小行星的直径则有数千千米。

失败的结果

有些科学家认为，小行星带里的巨石中本应产生新的行星，但被木星阻止了。木星的引力太大了，以至于这些分散的石块无法靠近彼此，也无法聚合并产生行星。所以，小行星带也许就是一颗诞生失败的行星。

你还记得吗？

小行星带是一条位于火星和木星之间的小行星密集分布的环状区域。

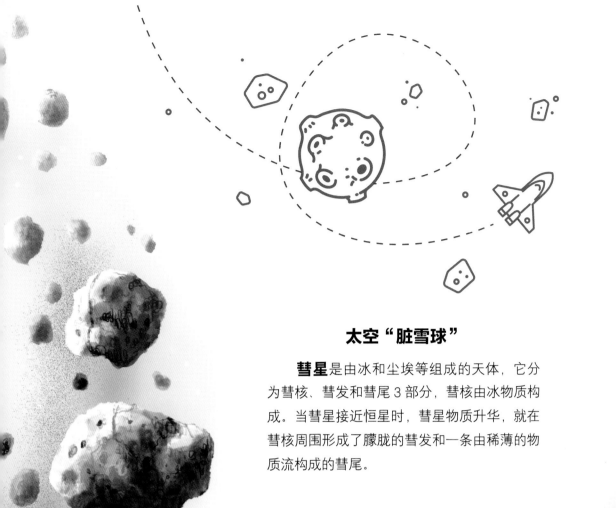

太空"脏雪球"

彗星是由冰和尘埃等组成的天体，它分为彗核、彗发和彗尾3部分，彗核由冰物质构成。当彗星接近恒星时，彗星物质升华，就在彗核周围形成了朦胧的彗发和一条由稀薄的物质流构成的彗尾。

你好，哈雷

最著名的彗星是哈雷彗星。地球上的人们大约每76年才能看到它一次。赶紧记在你的备忘录上吧：2061年，哈雷彗星会再次回归地球！

太空中的撞击

太空中有这么多飞来飞去的石头，它们肯定会偶尔发生碰撞的。不是吗？

凹陷

小行星带里的那些小行星可不会乖乖地排着队飞来飞去，它们经常会发生碰撞。我们之所以会知道这一点，是因为我们发现，小行星上经常会出现凹陷。这些**凹陷**有可能就是受到太空中其他小行星的撞击而形成的。

地球的护盾

太空里的小行星撞上地球的情况是很罕见的。因为地球表面覆盖着大气层，这是一层混合气体，就像是地球的**护盾**。大部分向地球冲来的小行星，在经过大气层时就因为摩擦生热而被烧光了。幸好如此！

抹去痕迹

即使小行星最终还是撞上了地球，在地球表面产生的凹陷也会消失：在雨水、冰雹、冰冻和风力等的作用下，经过成千上万年，这些凹陷都会被抚平。这一现象被称为**侵蚀**。不过，并不是每一个天体都跟地球一样，比如，月球就没有大气层，所以月球表面的凹陷特别多，而且这些凹陷不会消失。

流星体

宇宙中的小天体，我们在地球上是看不到它们的。

流星

进入地球大气层的流星体。

陨石

掉落在地球上的流星的残余物质，非常罕见。

永别啦，恐龙

　　虽然还不能完全确定，不过很多科学家
都认为，恐龙的灭绝是由一次巨型的流星
撞击地球造成的。那次撞击掀起了巨
大的尘埃云，连阳光都无法穿过。
于是地球上变得又黑又冷，植物
无法继续生长，最终恐龙都被
饿死了。挺惨的吧？

太空中的爆炸

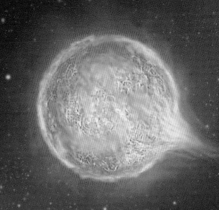

爆发、爆炸、喷发，太空中到处都在噼里啪啦。所以，下面要介绍 4 种惊人的宇宙中的大爆炸。

新　星

如果一颗白矮星和一颗红巨星距离很近，白矮星可以从红巨星那里捕获一定的气体和能量。有时候，它捕获的气体和能量超过了它能够承受的范围，此时就会发生爆炸，产生**新星**。

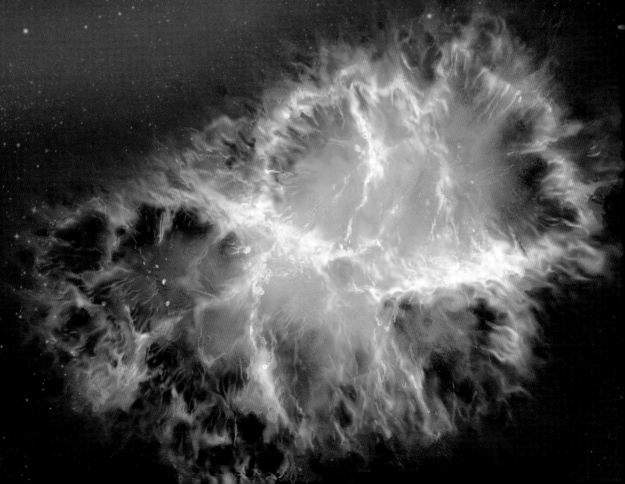

伽马射线暴

宇宙中最剧烈的爆炸是什么？**伽马射线暴**！它主要是由某些致密星体（比如黑洞）合并或是巨大恒星燃料耗尽时塌缩爆炸产生的。幸运的是，伽马射线暴离我们都非常远。

快速射电暴

超级快！**快速射电暴**是非常短暂的爆发，只持续几毫秒的时间。宇宙中到处都在发生快速射电暴，但目前没人知道它们确切的起源。很神秘呀！

超 新 星

超新星比普通的新星更亮（所以它才会叫超新星嘛）。当一颗小恒星从一颗大恒星那里捕获能量并自爆时，有可能产生**超新星**。当一颗恒星内部烧尽接近末期时，也有可能发生剧烈爆炸，产生超新星，因为在恒星解体过程中会释放出大量的能量，让这颗恒星发生爆炸。

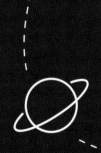

银 河 系

你用肉眼在宇宙中可以看到的一切，几乎都是银河系的一部分。那么，银河系究竟是什么呢？

一条银色的河流吗

银河系，是我们所生活的星系的名称。**星系**是宇宙中的一片区域，这里聚集着大量的恒星。比如说银河系，就是由 2000 多亿颗恒星组成的，而这些恒星旁都围绕着气体、行星、卫星、小行星和彗星等。从地球上看，银河系就像是宇宙中一条模糊的带子。这条带子并不紧绷而笔直，反而看起来缀满了斑点，就像是一条银色的河流一样。

请稍微注意一下

银河系里有这么多恒星，你可能会觉得，这里一定挤爆了。实际上并非如此：银河系是如此巨大，以至于这里面的恒星彼此之间的距离都非常遥远。

"荷包蛋"

有些人觉得，银河系看起来很像一个荷包蛋，因为**银河系中间**有一个凸起的部分，即球状的银心，就像是蛋黄。不过，如果要煎这么大的荷包蛋，得需要多大的煎锅呀！

从银河系以外看

从地球上看，银河系就像是宇宙中的一条带子。不过，这是因为我们自己就身处银河系之中。如果从银河系以外看，它看起来其实像一只扁扁的盘子，有 4 条较大的旋臂，还有一些较小的旋臂。我们的地球，就处在小旋臂之一的猎户座旋臂中。

9

其他星系

人类曾有很长一段时间都认为银河系是宇宙中唯一的星系。哈哈！现在我们已经知道，宇宙中可有 1000 多亿个星系呢！

本星系群

我们的银河系属于本星系群。这个欢快的星系俱乐部里大约有 50 个星系。

数量巨大的恒星及星际尘埃组成的运行系统被称为**星系**。

不过，一个星系也经常会和其他星系一起，位于某个星系俱乐部中。这种星系俱乐部被称为**星系团**。

星系团会组成更大的群体，即**超星系团**。

这些超星系团会组成更大的网络，即**宇宙的纤维状结构**。

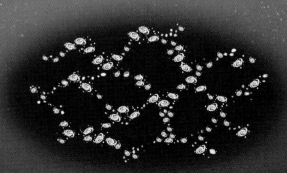

星系的类别

星系有各种各样的形状，不过最常见的是：

椭圆星系
外形呈圆形或椭圆形。

旋涡星系

外形呈旋涡结构，有明显的核心。

不规则星系
外形不规则。

食 星 族

如果一个大星系和一个小星系彼此接近，糟糕的事情就要发生了。大星系会把小星系拽过来……并吞了它！整个过程需要好几亿年的时间，所以不是一口吞掉哟。

10

系外行星

我们的太阳系里有 8 颗行星，宇宙里还有很多别的行星。它们都是怎样的呢？

太阳系外行星

太阳系外行星，简称系外行星，泛指在太阳系以外的行星。宇宙中有数不清的恒星，所以也有无穷的系外行星。

各种各样的行星

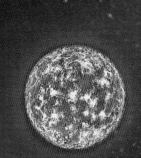

大多数已知的系外行星都和我们的地球不一样。它们有些是冰巨星，有些是气态巨行星。人们也发现了粉红色和黑色的系外行星，还有一颗几乎全部都是水，甚至还有一颗行星，大部分是钻石构成的！

遥远的邻居

比邻星 b 是距离地球最近的系外行星，不过，即使是这个隔壁邻居，离我们也非常远：有 40 万亿千米。这个距离，光也得跑上 4.2 年呢。

你还记得吗？

我们太阳系的 8 颗行星分别是：水星、金星、地球、火星、木星、土星、天王星和海王星。

可能有生命存在的区域

系外行星上有生命存在吗？科学家们一直在忙于解答这个问题。幸好他们不必一一排查每一颗系外行星。因为只有在那些与恒星距离适当的行星上才有可能有生命存在：离得太近，一切都被烧光了；离得太远，一切又都被冻结了；距离不远不近，温度适中，允许液态水存在，生命可以存活的区域，叫作**适居区**。

呼……太冷了。

恒星

适居区

舒服啊，这里正好！

哇呀……太太太热了。

从童话故事说起

恒星周围适居区也被称为**金发姑娘区**。金发姑娘戈迪洛克是一个童话人物，她进入熊的房子，偷偷地喝掉了3碗粥：第一碗太烫了；第二碗太凉了；不过第三碗刚刚好。适居区也是一样：既不能太热，也不能太冷，而是要刚刚好，适合生命存在。

如何发现一颗系外行星

系外行星是很难发现的，毕竟它们离我们非常远，而且还不发光……不过，想找到它们，还是有些好办法的，下面列出了其中两种方法。

多普勒效应法

恒星和行星彼此**相互**吸引，就像是想要靠近彼此似的。如果行星围绕着一颗恒星转动，这颗恒星就会略微摆动，它发出的光谱也会相应变化。因此研究者利用现代光谱仪器就可探测出恒星附近的行星。

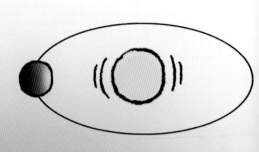

凌 星 法

恒星会发光。当一颗系外行星从恒星与地球之间经过时，它会遮挡住部分恒星发出的光线，使得我们观察到的恒星的亮度稍有减弱。这就像是你把一个网球放在台灯前面，你所看到的台灯的亮度会变暗一样。所以，当一颗恒星的亮度变暗时，有可能意味着正有一颗行星从这颗恒星与地球之间经过。

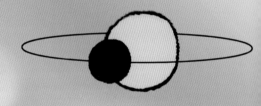

开普勒 452b

这颗系外行星真长这样吗？科学家认为它是和地球大小相近的宜居行星。

系外·行星猎人

我们不必离开地球，到太空中去寻找系外行星，因为我们有能干的机器呀。

开普勒太空望远镜

开普勒太空望远镜是世界上首个用于探测太阳系外类地行星的飞行器。它利用凌星法来寻找系外行星。它持续数年观察特定的恒星，并把相关信息发回地面。它发现了2700多颗系外行星。2018年，开普勒太空望远镜正式退役。

永远无法真正确定

没人知道系外行星到底长什么样。它们离得实在太远了，我们没办法去亲眼瞧一瞧它们的模样。我们只能根据探测数据，凭想象把这些系外行星的样子画下来。

TESS 太空望远镜

TESS 太空望远镜的工作原理和开普勒太空望远镜的差不多，区别在于，TESS不是只观察银河系的某一个固定区域，而是"看"向四面八方。这样它能"看"到的当然会更多。

外星生命

外星人、火星人、太空生物……地球究竟是不是宇宙中唯一一个有生命存在的行星呢？

幻想的生命

人类很喜欢对外星生命展开幻想，图书、电影和游戏里外星生命比比皆是。不过，外星生命是真的存在，还是只是我们的幻想呢？

各式各样

如果真的有外星生命存在，它们的外形很可能是各式各样的，也许是像人类一样的大型生命，也可能是细菌那样人用肉眼看不到的微生物。

太空"熊"

这是一个实验！科学家曾经把一些水熊虫送入太空。水熊虫超级小，但是超级强壮。和人类相比就能看出这一点：人类不穿特殊的航天服，在太空连一分钟都活不下来，可水熊虫居然坚持了 10 天。这个实验证明，即使是在和我们所习惯的环境完全不同的地方，也可能有生命存在。

外星智慧生命

有些科学家在寻找有智慧的外星生命，也就是和我们一样聪明、甚至更聪明的外星人。这类研究被称为 SETI。 这 是 Search for Extra-Terrestrial Intelligence 的缩写，意为：搜寻地外文明。这个计划的参与者包括美国加州的 SETI 研究所等。

水熊虫

这张图放大了很多倍，因为真正的水熊虫只有大约 1 毫米长。

对赛思·肖斯塔克的采访
SETI 研究所天文学家

您是如何寻找外星生命的？

大多数情况下，我们会使用大型的无线电天线。它们看起来就像普通的卫星天线，但规模要大很多，大到足以接收到其他星球发出的无线电信号。这是很困难的，因为这些信号距离我们非常远，到达地球时可能已经非常微弱了。

火星上有生命存在吗？

我希望是有的！几十亿年前，火星比现在要宜居，那时火星上有海洋，大气层也比现在的条件要好。也许那时火星上是有微生物存在的。而那些微生物，在火星逐渐变得干燥的过程中，有可能消失在了地下。不过我们现在还无法确定。

有外星人来过地球吗？

我觉得没有。很多人都说自己见过飞碟或者外星人……不过，如果真的有外星人到访过地球，我们肯定能找到证据。

14

外·星生命在哪里

也许外星生命是存在的……可我们为什么始终不能确定呢？

外星生命在哪里

宇宙很老，也很大。宇宙里有很多恒星和行星……所以你完全可以期待，宇宙里也有很多生命存在。然而我们却从未找到过证据。既没有外星人，也没有飞船到访地球，更没有外星生命发来的无线电信号。换句话说，如果真的有这么多外星生命存在，它们究竟在哪里呢？

费米悖论

"外星生命究竟在哪里？"这个问题引出的科学论题被称为**费米悖论**，因为这个问题是物理学家恩利克·费米第一次明确提出的。所谓**悖论**，是指表面上同一个命题会有两个对立的结论。在费米悖论里，认为存在着大量外星生命，与完全找不到外星生命存在的证据的事实是对立的。

至今没有找到外星生命存在的证据，可能有 3 个原因：

我们离得太远了

宇宙太大了。也许我们只是离其他生命太远了，所以还没能找到它们。

我们寻找的时间还不够多

人类确实一直在仰望天空，但宇宙飞船和太空望远镜的历史可不长。我们真正花在寻找外星生命上的时间还不够多。

我们找错了地方

我们已经尽力了，但可能找错了地方。

"哇！"信号

1977 年，美国俄亥俄州立大学的"大耳朵"射电望远镜从宇宙深处接收到了一个特殊的无线电信号。这说不定是外星生命发来的信息！不过，由于这个信号只出现过一次，所以没人知道它究竟是什么。当时记录这个信号的研究员杰里·艾曼教授随手在纸上写下了"（Wow!）哇！"。所以，这个信号也被称为**"哇！"信号**。

15

关于宇宙的大问题

宇宙的一切都值得探索。有些事情我们已经知道了，还有很多仍是谜。以下这些问题，有哪些是你知道答案的呢？

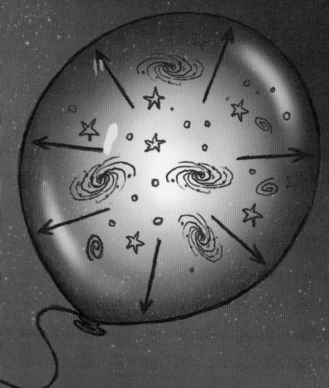

什么是暗能量？

宇宙在膨胀，它不断变大，就像是一个被吹大的气球。不仅如此，它膨胀的速度还越来越快。科学家们对此很不解。所以他们认为存在着**暗能量**：这种神秘的力量存在于整个宇宙中，会把宇宙里的一切都推开，从而增加宇宙膨胀的速度。

什么是暗物质？

所有的东西都是由某些材料构成的，无论是你坐的椅子，还是你手中的这本书。构成东西的材料被我们称为**物质**。你可能会说，物质就是我们能看到、能抓住的一切东西。不过，科学家认为，还存在着另一种物质。他们在观测遥远的星系时，发现这些星系大部分的物质都是他们无法找到的。所以，有可能存在着某种我们既看不到也抓不住的物质——**暗物质**。

什么是引力波？

假设有两个沉重的物体，比如两颗恒星，围绕着彼此转动。恒星都有很强的引力，但在运动时，它们不断变换着位置，这就造成了空间的波动。这种所谓的**引力波**会导致宇宙中的一切都在略微摆动。科学家利用引力波可以推测有关黑洞和其他奇异天体的信息。

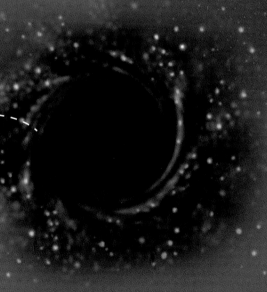

什么是黑洞？

太空中有一种奇异的天体，它的引力实在太大了，以至于会把一切都吸引过去，甚至光线都无法逃脱！这种天体黑乎乎的，根本看不见，因此被称为**黑洞**。科学家是通过观察黑洞周围的恒星来研究黑洞的，因为这些恒星的光线会被黑洞吸引而弯曲，这种异常表现非常明显。

什么是宇宙尘？

宇宙尘是由众多非常小的颗粒组成的，这些颗粒四散在宇宙中，有些也会散落到地面上，每天大约有数百吨宇宙尘落在地球上。宇宙尘保存着宇宙的诸多信息，对科学家的研究很有价值。

16

更多关于宇宙的大问题

宇宙是无穷大的吗？

没人知道宇宙究竟有多大。研究人员无法看到宇宙的全貌。有些恒星距离我们太远了，远到它们发出的光都无法抵达地球。宇宙中我们能看到的部分，被称为可观测宇宙。我们都知道，在可观测宇宙之外还有别的东西存在，但我们不知道那究竟是什么。

宇宙为什么是黑色的？

宇宙之所以看起来是黑色的，是因为它太空旷了。我们能看到颜色，是因为光线照射在物体上，物体又把光线反射进了我们的眼睛。如果光什么都照射不到，从空间径直穿过，光线之外的地方看起来就是黑色的。

什么是平行宇宙？

假设我们的宇宙有一个分身，也就是第二个宇宙，和我们这个宇宙一模一样，或者仅略有不同，那么这个"复制品"就是**平行宇宙**，"平行"在这里意味着"可比拟的"。你在科幻作品中经常会看到平行宇宙。

X 行星存在吗？

在我们的太阳系的最外侧，有一条由众多的石块和冰块构成的小行星带，称为柯伊伯带。在柯伊伯带中，某些岩石的轨道很奇怪：它们绕太阳转动的轨迹不同于我们的预测。有些科学家认为，这是由于这里存在着一颗远离太阳的未知行星——**X 行星**。正是这颗行星的引力干扰了那些岩石的转动。也有一些科学家认为这是无稽之谈，他们认为是那些岩石彼此碰撞干扰了它们的运转轨迹。答案到底是什么呢？

什么是多重宇宙论？

某些理论认为，我们的宇宙并非唯一的宇宙，而是存在着多个宇宙，甚至可能存在着无数个宇宙。

17

还有更多关于宇宙的大问题

最大速度：30 万千米每秒！

我们可以比光跑得更快吗？

光速大约是 30 万千米每秒。物理学家认为，没有什么能比光跑得更快。哪怕是达到光速，对于人类来说也是不可能的。但谁又能说，未来人类就一定不能超越光速呢？

什么是曲速？

曲速并不是真的存在。这个概念是科幻片《星际迷航》的制作者创造的，他们希望剧里的人物能够以超光速在太空中旅行，所以凭空创造出了这个看起来很高科技的名词。电影中的人物确实得拥有这么高的速度，否则送货时间就太长啦！

什么是虫洞？

通过虫洞旅行就好比快速地走捷径。**虫洞**是一种宇宙中的隧道，可以让物体瞬间进行时空转移。很多科学家通过计算，认为虫洞是有可能存在的，不过，有关虫洞的理论，目前仍是一种假设。

时间旅行存在吗?

你是否梦想过，亲眼去看一看中世纪的骑士决斗，或者去未来，与那时的自己相见？遗憾的是，这种**时间旅行**只存在于电影和书里。确实有科学家深入思考过时间旅行的问题，但他们认为，时间旅行的前提条件是要能以比光速更快的速度绕着黑洞飞行，或者穿过虫洞……而这一切，可能是人类永恒的梦想。

太阳是什么颜色的?

白色。太阳之所以看起来是黄色的，是因为太阳光(可分解为红、橙、黄、绿、蓝、靛、紫7种颜色)穿过地球大气层时，其中的红光、橙色光、黄色光等更不容易被散射掉，所以在我们眼中，太阳就是黄色的。

什么是戴森球?

我们能不能接收一颗恒星的全部能量？用**戴森球**也许可以。戴森球是由弗里曼·戴森先生提出的一种巨型人造结构，可以包围整个恒星，获取这颗恒星大部分或全部能量。要造出这个"球"，绝对是个超大工程。目前，这还属于幻想。

宇宙与星座

宇宙里满是图画，不过，想看出这些图画，你可得好好发挥想象力。

用星星作画

星座很早以前就有了。那时候还没有灯，所以夜晚的星空看起来非常清晰。人们仰望夜空，用想象中的线条串起星星，构成了一幅幅图画。1930 年，国际天文学联合会把天空分为了 88 个星座。

早期星座列表

这位是克罗狄斯·托勒密，他是集古希腊天文学之大成的科学家，大约出生于公元 90 年，逝世于公元 168 年。他制作了早期的星座列表，其中的许多星座，至今仍被我们使用着。

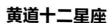

黄道十二星座

最著名的星座是**黄道十二星座**。这一系列星座，是我们在日出时所看到的太阳所在的星座：在 12 个月的时间里，太阳会依次出现在这 12 个星座上。

星座依据什么命名

许多星座是用动物的名字来命名的，比如大熊座、白羊座、金牛座、巨蟹座和双鱼座。另有一些星座与只存在于神话传说中的形象有关，比如武仙座、天龙座和麒麟座。还有一些星座甚至是用物品的名字命名的，比如天秤座、天箭座、望远镜座和矩尺座。

占 星 术

占星术也会使用到星座。占星术士会依据星座预测某人的未来。不过，不同于天文学，占星术可算不上科学。

19

宇宙与科幻

一边读着关于太空的科幻故事，一边做着白日梦，不是很棒吗？所以这里要介绍 5 位著名的科幻大师。

儒勒·凡尔纳

他被称为"科幻小说之父"。儒勒·凡尔纳（1828—1905）写的冒险故事总是有很多奇特的发明。他的不少幻想后来都成真了。比如，他在小说《从地球到月球》中描述的登月之旅，和"阿波罗号"登月的过程非常相似！

赫伯特·乔治·威尔斯

赫伯特·乔治·威尔斯（1866—1946）最著名的一本书叫《世界大战》。这本书讲的是火星人对地球的进攻。1938 年，美国哥伦比亚广播公司播放了由这本书改编而成的广播剧，据说这个故事实在是太刺激了，以至于很多听众尖叫着跑上街，因为他们把故事当成了真事。

卡尔·萨根

美国天文学家卡尔·萨根（1934—1996）凭借科普类电视片《宇宙》和科幻小说《接触》而闻名全球。此外，还有一个著名的想法也是他提出的：让"旅行者 1 号"探测器携带一些唱片升空，那些唱片上录有一些信息。萨根希望它们能被外星生命听到。

乔治·梅里爱

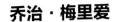

也许你从未听说过乔治·梅里爱（1861—1938）这个名字，不过这位法国导演却拍摄了史上第一部科幻电影——《月球旅行记》。这部黑白电影描述了一队人马乘坐炮弹到月球探险的故事。这部电影是根据儒勒·凡尔纳和威尔斯的小说改编的。

乔治·卢卡斯

"愿原力与你同在。"这句著名的台词来自美国导演乔治·卢卡斯的科幻电影《星球大战》系列。从帝国冲锋队到绝地武士，从太空战斗机到达斯·维德，都来自于这个系列的电影。

20

著名的天文学家

我们当然喜欢仰望太空，但有时也会回望一番，比如，回头看看历史上那些伟大的天文学家。

阿利斯塔克 (公元前 315—前 230 年)

很久以前，人们都认为地球位于宇宙的中心。古希腊天文学家阿利斯塔克最早提出，地球是绕着太阳转的，而不是太阳绕着地球转。他的思想大大领先于他那个时代的人。

尼古拉·哥白尼 (1473—1543)

尼古拉·哥白尼证实了阿利斯塔克的观点：地球是围绕着太阳转动的！但在当时持有这种观点是很危险的，所以哥白尼直到临终前，才得以出版了有关"日心论"的著作——《天体运行论》。

伽利略·伽利雷 (1564—1642)

伽利略被称为"观测天文学之父"，因为他使用望远镜观测天体，所以能够发现很多肉眼无法看到的东西，例如月球上的山脉和洼地。

约翰尼斯·开普勒 (1571—1630)

很多天文学家曾经认为，行星围绕太阳转动的轨道是正圆形的，但开普勒对此提出了不同观点：这些行星的轨道是大小不同的椭圆形，所以行星有时候离太阳较远，有时候则较近。

克里斯蒂安·惠更斯 （1629—1695）

惠更斯在天文学方面有很大的贡献，他设计制造的天文仪器精巧超群，如磨制透镜，改进望远镜。作为天文学家，他有很多发现，其中包括发现了土星的卫星——土卫六（泰坦星）和土星光环。

艾萨克·牛顿 （1643—1727）

砰！关于牛顿，最有名的故事就是他坐在一棵苹果树下，突然有一个苹果掉在了他头上。这件事促使他开始思考引力和宇宙中其他的力量。他是英国著名物理学家，被誉为百科全书式的"全才"。在物理教材中，你会与他多次相遇哦。

$$G_{\mu\nu} = \frac{8\pi G}{c^4} T_{\mu\nu} \qquad E = mc^2$$

阿尔伯特·爱因斯坦 （1879—1955）

他是著名的物理学家。童年时，爱因斯坦不爱说话，所以他的母亲觉得他很笨。不过，事实正相反。通过他的理论，我们才更加了解诸如光子、光速、原子、引力波等很多事物。

爱德文·哈勃 （1889—1953）

他是美国著名的天文学家，被称为"星系天文学之父"。100多年以前，大多数天文学家都认为，宇宙是由一个大星系构成的，即银河系。但这是不对的！正是哈勃，发现宇宙其实是由很多不同的星系构成的。他还对宇宙膨胀这一观点提出了有力证据。

21

探索宇宙

在晴朗的夜晚仰望星空是非常美好的。不过，如果真的想有所发现，你可能还需要点儿别的东西。你得使用机器、派遣机器人，甚至亲自去太空走一趟。

截然不同的环境

为什么人类去太空这么难？答案很简单，因为太空和我们习惯的环境截然不同。人类生存需要重力、氧气、气压、阳光、食物和水，而所有这一切，太空里都是没有的或者很少。

让机器出马

太空中有些地方，对于人类而言太危险了，或者太远了。要探索这些地方，我们可以派出机器，如火星车、空间探测器、太空望远镜和人造卫星等。工作由这些机器来做，科学家就可以安全地待在地球上了。

太空机器人

目前人类航天员在太空中可以抵达的最远处是月球，但是太空机器人已经到访过火星、木星、土卫六（泰坦星）、金星、土星和冥王星。"旅行者1号"探测器甚至已经飞到了太阳系边缘！

聪明的机器人

什么是理想的航天员？有些科学家认为，应该是聪明的机器人。不是那种由人类操控的机器人，而是可以自己思考并做出决定的机器人，我们称之为**人工智能**。

太空旅行

去太空度假！越来越多的商业航天航空公司想把付费顾客送入太空。目前这种旅行还只能抵达大气层的边缘，但未来，你说不定也能去别的行星旅行！

22

地球上的望远镜

对于探索宇宙来说，大型望远镜是非常重要的工具。通过观测和"聆听"宇宙，天文学家们可以有更多的发现。

两种大型望远镜

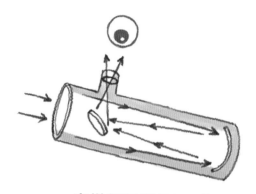

光学望远镜是用于收集可见光的一种望远镜，可用来观测宇宙。通过巧妙地组合镜片，改变光线的走向，它们能帮助人们看得非常远。

射电望远镜主要用来观测和研究来自天体的射电波。像大锅一样的部分，是射电望远镜的天线。

你还记得吗？
大气层是围绕在地球表面的混合气体。

这些望远镜都在哪儿

几乎所有的大型望远镜都在高高的山上，那里空气稀薄，人也很少。这样安排是有原因的。光学望远镜会受到大气层的影响，云和空气中的扰动有时会让图像不清晰。而且，为了能够看清太空，望远镜周围的环境最好是黑暗的，可是人口密集的地区，城市照明会让夜晚也不黑暗。对于射电望远镜来说，附近没有电子设备是很重要的。想想你的手机、电脑或者电视机吧，这些设备其实都在发出信号，都会干扰到射电望远镜。

大，更大，最大

对于望远镜，你完全可以说：越大越好。因为望远镜里的镜面规模越大，你在宇宙里就可以看得越远。世界上最大的反射望远镜——加那利大型望远镜，镜面直径达到了 10.4 米。不过，现在人们已经在建造更大的望远镜——极大望远镜，它的镜面直径会达到 39 米！

望远镜与希腊

你知道吗？"望远镜"这个词的荷兰语来自希腊语，它的本意是"看得远"。

望远镜与荷兰

你知道望远镜是在荷兰被发明出来的吗？目前已知的是，在 1608 年的时候，荷兰境内诞生了世界上第一台望远镜，它的发明者是眼镜师汉斯·李波尔。

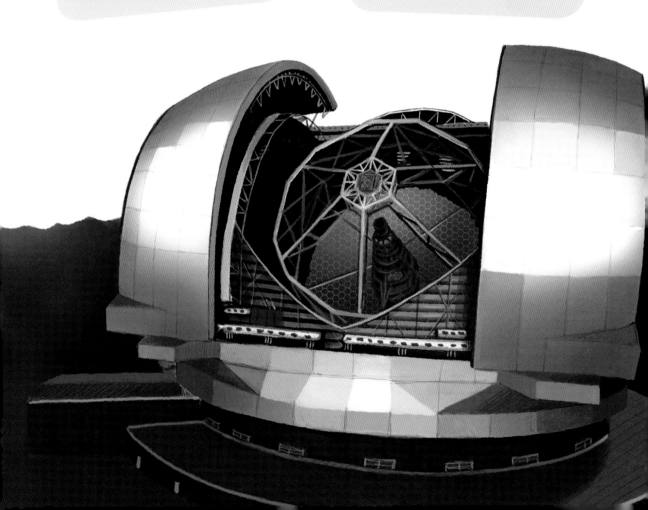

23

太空望远镜与人造卫星

研究宇宙，你可以使用地球上的设备，当然也可以使用太空中的设备。

人造卫星

人类向太空发射了各种各样的高科技设备。一些设备在太空中围绕着地球或者其他天体转动，它们被称为人造卫星。有些人造卫星是用来支持我们的通信或导航系统运转的，有些人造卫星则是帮助我们研究宇宙的。

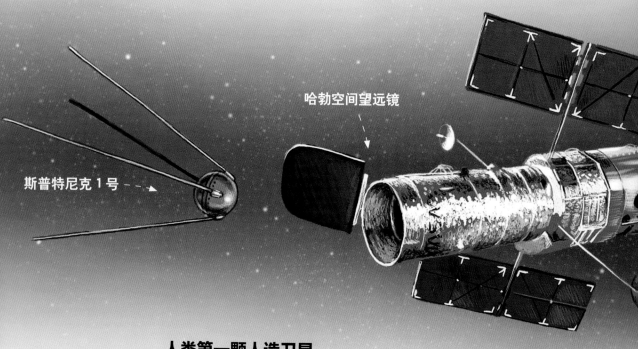

哈勃空间望远镜

斯普特尼克 1 号

人类第一颗人造卫星

"斯普特尼克 1 号"是人类第一颗人造卫星。这颗卫星是苏联研制发射的，在太空中度过了 3 个多月，最后坠入大气层燃烧殆尽。在它之后，人类很快便向太空发射了大量的设备，不只是苏联和美国，还有很多别的国家也进行了发射。

敏锐的观测者

最著名的太空望远镜是哈勃空间望远镜。它于 1990 年进入太空，沿着既定的轨道围绕着地球转动，可以看到太空中很远的地方，并拍摄下宇宙清晰细致的照片。不过，现在这台望远镜已步入"晚年"，所以人们正在建造它的继任者——詹姆斯·韦伯空间望远镜。这台望远镜预计于 2021 年发射升空，它拥有更强的观测能力。

在大气层之外

在太空中工作的望远镜，可以避开一切大气层可能造成的问题，因为在太空中，望远镜不会受到大气层或者灯光的影响。

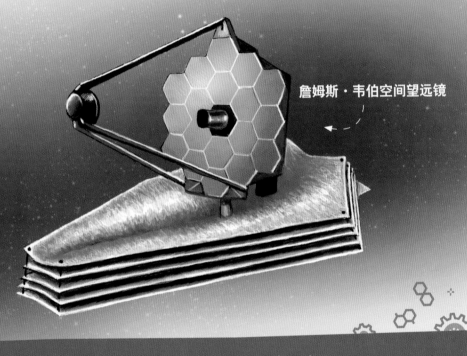

詹姆斯·韦伯空间望远镜

太 空 垃 圾

人造卫星、探测器和太空望远镜越来越多。这些东西损坏或者被淘汰后，往往会坠入大气层并燃烧殆尽。但有时候也会有残余物漂浮在空中。这些垃圾对于新的航天任务是很危险的，因为它们有可能造成撞击。现在人们正在努力寻找解决太空垃圾的办法。

24

太空中的动物

最早的航天员？那可不是人类……而是动物！

实验动物

　　在太空旅行的起步阶段，没人知道太空之旅会产生怎样的后果。人类能够承受发射时的力量吗？他们能够活着穿过大气层回到地球上吗？在失重状态下身体还能正常运转吗？这些都需要实验。所以科学家把各种动物送上太空，想看看太空之旅会对它们产生怎样的影响。不过，时至今日，如果再有动物要上太空，人类会与它们同行，以便照顾它们，并观察它们的反应。

太空动物

- 1947 年，第一批动物被送往太空。它们是一群果蝇。

- 1957 年，第一只哺乳动物前往太空。它叫莱卡，是苏联的一只流浪狗，它没能在这次旅行中幸存下来。它的继任者贝尔卡和斯特尔卡则平安地返回了地面。

- 1961 年，黑猩猩哈姆被送往太空，并平安地返回地球。在飞往太空之前，它学习了如何在太空中完成一项任务。这样就可以向科学家们证明，太空旅行时是可以工作的。

- 1963 年，小猫费莉切特进入太空。飞行器降落时使用了降落伞，费莉切特平安地回到了地球。

一大堆动物

人类已经把很多动物都送上过太空，包括狗、猫、黑猩猩、蟑螂、蜘蛛、乌龟、老鼠、青蛙、甲虫、龙虾、蜜蜂、蚂蚁和蚕等。

批评不断

通过把动物送上太空，人类学到了很多东西。但是对于这些小动物本身来说，太空之旅往往并不是什么"美差"，很多动物因此而丧命。所以，对于用动物进行太空实验的批评一直很多。

25

太空中的人类：最初的脚步

千百年来，人类一直梦想着能够认识宇宙。不过，直到 60 多年前，我们才真正迈出了认识宇宙的步伐。

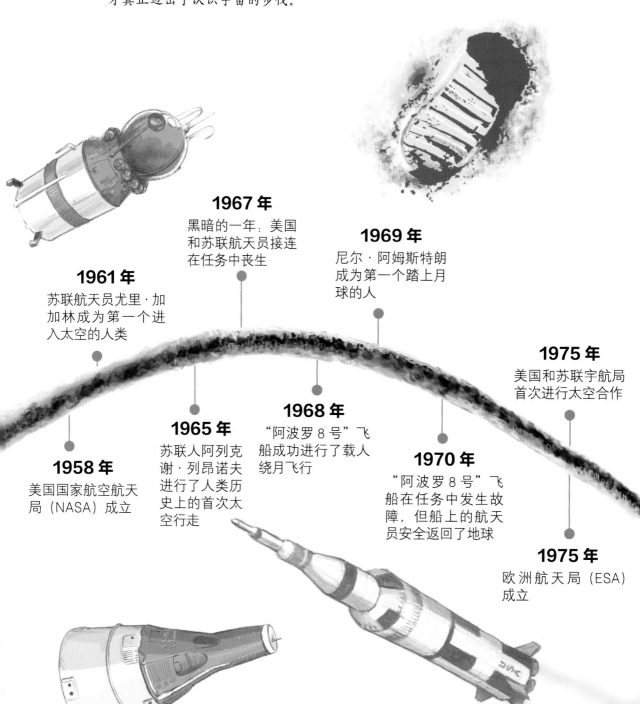

1967 年

黑暗的一年：美国和苏联航天员接连在任务中丧生

1969 年

尼尔·阿姆斯特朗成为第一个踏上月球的人

1961 年

苏联航天员尤里·加加林成为第一个进入太空的人类

1975 年

美国和苏联宇航局首次进行太空合作

1968 年

"阿波罗 8 号"飞船成功进行了载人绕月飞行

1965 年

苏联人阿列克谢·列昂诺夫进行了人类历史上的首次太空行走

1970 年

"阿波罗 8 号"飞船在任务中发生故障，但船上的航天员安全返回了地球

1958 年

美国国家航空航天局（NASA）成立

1975 年

欧洲航天局（ESA）成立

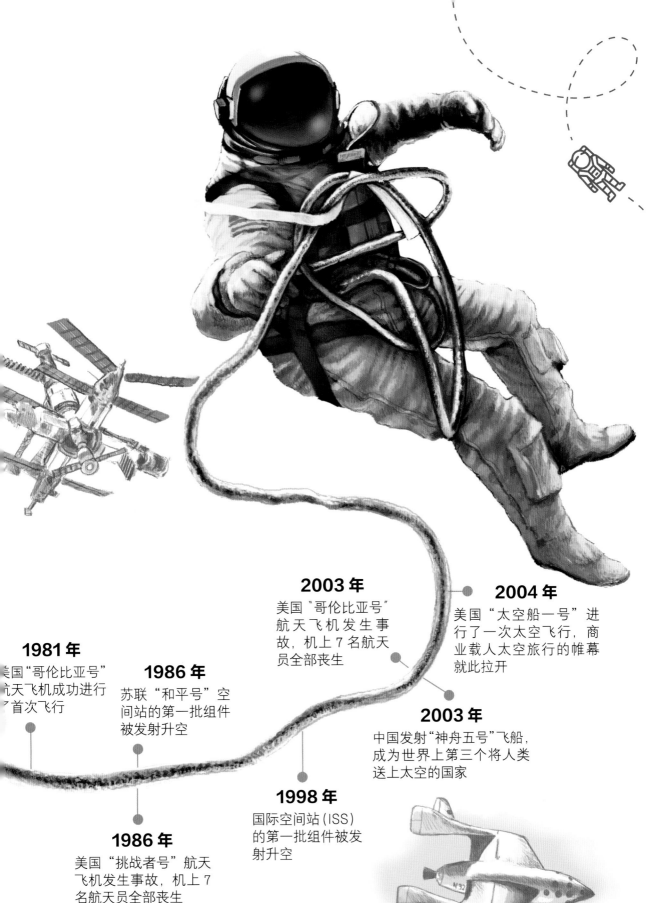

1981 年

美国"哥伦比亚号"航天飞机成功进行了首次飞行

1986 年

苏联"和平号"空间站的第一批组件被发射升空

1986 年

美国"挑战者号"航天飞机发生事故，机上 7 名航天员全部丧生

2003 年

美国"哥伦比亚号"航天飞机发生事故，机上 7 名航天员全部丧生

1998 年

国际空间站(ISS)的第一批组件被发射升空

2003 年

中国发射"神舟五号"飞船，成为世界上第三个将人类送上太空的国家

2004 年

美国"太空船一号"进行了一次太空飞行，商业载人太空旅行的帷幕就此拉开

26

住在太空

　　航天员们很幸运，他们不必每天往返于太空和地球，因为太空中建立的巨大空间站可以为他们提供临时住所和工作站。

首个空间站

　　"礼炮一号"空间站是人类历史上的第一个空间站。这个由苏联建造的空间站于1971年被发射进入绕地轨道，在太空中运行了6个月。3名航天员曾在此生活了23天。

回收利用

　　1973年，美国的天空实验室空间站发射升空。当时因为没有足够的资金来建造新的部件，所以美国回收利用了"土星5号"的部分箭体。共有9名航天员曾在这里工作。

罚款

　　任务结束后，天空实验室空间站本应在大气层燃烧殆尽，然而事情并没有完全按照预期发展，空间站的一小部分还是掉入了澳大利亚境内。美国国家航空航天局因此被罚款400澳元，理由是乱扔垃圾。

"和平号"空间站

俄罗斯的"和平号"空间站是由不同的组件或者说舱体组成的：一个核心舱和后来与之对接的 6 个对接舱。1986 年到 1999 年间，"和平号"空间站上基本一直有航天员在生活。

逗 留

俄罗斯航天员瓦列里·波利亚科夫曾经在空间站上连续工作了 438 天，创造了世界纪录！

庞 然 大 物

世界上最著名、规模最大的空间站是国际空间站（ISS）。这个庞然大物有一个足球场那么大，大概 20 米高，73 米长。多个国家一起出资建造了这个大家伙，并派出航天员在此工作。国际空间站于 1998 年正式建站，2010 年进入全面使用阶段。

27

住在火星

太空旅行者的梦想之地是哪里？火星！我们有朝一日，真的能拜访那个星球吗？

向着火星，前进

火星有许多方面与地球非常相似，是人类探索宇宙的前哨站。为了将人类送上火星，人们已经筹划了几十年。去往火星最主要的目的是在那里进行研究，也为了未来在火星建立移民基地。

火星上的制造者

未来火星居住者面临的挑战之一，是这颗行星空空如也。那里没有房屋，没有道路，甚至没有食物。火星居住者所需要的一切，都得自己制造。因此，人们进行了很多研究，分析火星上都有什么资源，以及如何利用它们。

这个火星探测器能探测到火星地表以下很深的地方。

为什么现在还去不了

火星不是随随便便就能拜访的。它离地球很远，从地球过去，单程最快也要半年。而且火星上尘土飞扬，极其干旱，没有可供人类生存的大气层。因此，人们需要穿航天服才能在那里存活。我们可以先派探测器和机器人过去，为我们工作，为人类前往火星做好准备。

为什么将来会去

我们想去火星理由还是很充分的。比如，我们可以在火星上做研究，因为火星跟地球很相似，我们很有可能从火星那里学到很多知识。除此之外，这也将是一场奇妙的太空探险之旅！

那么，何时出发呢

没有人知道我们具体将在何时前往火星。一些航天局表示，人类前往火星的梦想，在 2030 年以前就可以实现。那么就让我们拭目以待吧！

在火星上可以找到玄武岩。这种石头可以成为有用的资源。

28

一起来做研究吧

火箭啊，人造卫星啊，火星探测器什么的，当然是探测宇宙的利器。不过，没有这些设备，你也一样可以做研究！

太 阳

这个你可不能错过！不过，千万不要不加防护就直接看太阳。强烈的阳光几秒钟就能伤害到你的眼睛。

星 座

试着找一找星座，比如大熊座和小熊座。

行 星

有些行星，你用肉眼就能捕捉到。它们看起来就像是夜空中的小亮点。

仙女座星系

这片模糊的区域是一个独立的星系！

国际空间站

向国际空间站招招手吧，那里可住着人呢！

月 亮

我们最忠诚的朋友！有时候白天也能看到它！

银 河

天上的街市。只有在夜空非常晴朗，而且你身边没有街道照明的时候，才能看见。

猎户座大星云

在晴朗的冬夜，最适合观察这片星云。

人造卫星

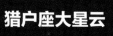

留心观察的话，你可以看到人造卫星是如何沿着一定的轨道绕着地球转动的。

特殊天象

你看到过月食、日食和流星雨吗？

以上这些，你用肉眼都能看到。

使用双筒望远镜或者单筒望远镜

　　和用肉眼观测相比，即使只是用一台很简单的望远镜，你也能在观测星空时看得更远。比如，你用望远镜能看到土星的光环，还有木星和它那 4 颗最大的卫星，你也能看到月球上那些凹陷粗糙的边缘。

大众天文台

　　大众天文台是向公众开放的天文台，在那里你可以观测星星。那里一般会有大型望远镜，参观者可以使用这些望远镜观测宇宙，还会有人给你做讲解。那里也经常会举办一些活动，比如讲座或者电影展映。所以，你可以去那里看一看哟。

如何成为天文学家

你喜欢探索宇宙吗？你想为人类的不断进步贡献自己的力量吗？你想解开宇宙的谜团吗？如果答案是肯定的，那么天文学家说不定就是你的理想职业！

要成为天文学家当然不容易。首先，你得善于学习，特别是物理、数学、科学等科目。然后，你要学会坚持学习，因为就算你大学毕业了，要探索宇宙，也有非常多的知识要学，科学研究之路走起来是很辛苦的。

即使是完成了所有学业，想找到天文学研究的工作也不容易，因为我们的社会对天文学家的需求量可不高。但不要因此而退缩，不管怎么样，总会有人成为新的天文学家，说不定你就是他们中的一员呢！

还有，你不一定非要把天文学家当作职业。你也可以做一名天文爱好者，一样能够发现很多宇宙的秘密。

如何成为航天员

太空行走、月球漫步、建立火星移民基地……这是许多人的梦想。不过，谁才能真正进入太空呢？

实话实说，只有极少数人能成为航天员，这个职业的要求是很高的。你必须具有相应的专业知识（比如数学、物理和机械工程）；英语必须很好（最好还会说俄语等其他语言，以便和其他国家的航天员交流）；必须拥有一定的航天工作经验；年龄（最好）在 27—37 周岁之间。此外，你当然得拥有良好的视力和身体素质，以及极强的毅力。

如果你是一位天文学家

如果你是一位天文学家，你的生活将会是怎样的呢？你可能会想到，为了通过望远镜观测星空，你得天天熬夜。是的，你想的没错，很多天文学家都会使用天文望远镜。不过，这是为什么呢？他们究竟想看什么？是土星的光环，还是月球上的凹陷？

仰望星空当然是很有趣的，可能就跟观察鸟或者其他小动物一样有趣。不过，天文学家观察宇宙，其实是想解开巨大的谜团，比如，宇宙有多大、一切都是从哪儿来的、宇宙里还有别的生命存在吗，等等。

研究宇宙的科学家想解决的问题很多，以上只是其中很少的一部分。虽然我们还不知道这些问题的答案，不过，对此已有一定的了解。这多亏了越来越大、越来越先进的望远镜，以及勤奋工作的天文学家。

在你的爷爷奶奶和你一样大的时候，这本书里的很多知识人们还不知道呢。比如，木星的卫星在当时人的眼中，还只是些小光点，而现在借助深入太空的探测器，我们已经可以非常清晰地观察这些卫星。我们能清楚地看到它们的表面，甚至能给它们绘制出地图。

但我们对宇宙的了解还远远不够。未来的天文学家还有众多谜团要破解……说不定，你也能为此贡献出一份力量！

赛思·肖斯塔克
SETI 研究所天文学家

致　谢

感谢星空博客（Astroblogs）的阿里·瑙文先生，他是一位真正的天文爱好者，为我们审阅和检查了全书。SETI 研究所的天文学家赛思·肖斯塔克，对本书的内容提出了很好的建议。感谢你们的热心帮助！

扫描二维码，了解更多
有关太空和航天的知识